U0183564

欢迎来到
怪兽学园

_____ 同学，开启你的**探索**之旅吧！

主角人物　阿思　阿麦

献给亲爱的衡衡和柔柔，以及所有喜欢数学的小朋友。

——李在励

献给我的女儿豆豆和暄暄，以及一起努力的孩子们！

——郭汝荣

**图书在版编目（CIP）数据**

超级数学课 . 2, 古怪镇大挑战 / 李在励著；郭汝荣绘. —北京：北京科学技术出版社，2023.12
（怪兽学园）

ISBN 978-7-5714-3349-9

Ⅰ. ①超… Ⅱ. ①李… ②郭… Ⅲ. ①数学－少儿读物 Ⅳ. ① O1-49

中国国家版本馆 CIP 数据核字（2023）第 211746 号

| | | |
|---|---|---|
| **策划编辑：**吕梁玉 | **电　话：**0086-10-66135495（总编室） | |
| **责任编辑：**金可砾 | 0086-10-66113227（发行部） | |
| **封面设计：**天露霖文化 | **网　址：**www.bkydw.cn | |
| **图文制作：**杨严严 | **印　刷：**北京利丰雅高长城印刷有限公司 | |
| **责任印制：**李　茗 | **开　本：**720 mm × 980 mm　1/16 | |
| **出 版 人：**曾庆宇 | **字　数：**25 千字 | |
| **出版发行：**北京科学技术出版社 | **印　张：**2 | |
| **社　址：**北京西直门南大街 16 号 | **版　次：**2023 年 12 月第 1 版 | |
| **邮政编码：**100035 | **印　次：**2023 年 12 月第 1 次印刷 | |
| **ISBN** 978-7-5714-3349-9 | | |

**定　价：**200.00 元（全 10 册）

京科版图书，版权所有，侵权必究。
京科版图书，印装差错，负责退换。

怪兽学园 超级数学课

# 2古怪镇大挑战

## 七桥问题

李在励◎著　郭汝荣◎绘

北京科学技术出版社
100层童书馆

怪兽学园的佩佩老师生病了，阿麦和阿思决定周末去探望她。
佩佩老师住在古怪镇，阿麦和阿思从没有去过那里。

他们翻过了小小山，穿过了乌漆漆森林，来到了一条河边，古怪镇的大门出现在他们眼前。阿麦和阿思站在小镇的地图前，寻找去佩佩老师家的路。

3

从地图上看，古怪镇的居民们大部分住在河岸两边，河中心还有一座大大岛和一座小小岛，佩佩老师就住在大大岛上。

古怪镇的桥真多啊，一共有7座！大大岛有4座桥与两岸相连，小小岛有两座桥与两岸相连，还有一座桥把大大岛和小小岛连接起来。

阿麦发现地图下方写有一段话。

# 古怪镇大挑战

如果从本镇任意一个地方出发，你能经过7座桥再回到起点，你将获得古怪镇的镇长大奖。请注意，每座桥只能通过一次！

镇长大奖

　　"这个挑战听起来很简单啊，为什么专门立个牌子呢？"阿思有点儿疑惑。

　　一旁的阿麦跃跃欲试，他已经迫不及待地想要获得镇长大奖了。

就这样，阿麦和阿思开始了他们的尝试……

可是不管怎么走，他们要么漏掉一座桥，要么就得在一座桥上通过两次。

　　阿麦累得气喘吁吁，坐在地上再也不肯走了，看来获镇长大奖没希望了。"没关系，我们先去佩佩老师家吧，或许可以向她请教一下。"阿思鼓励阿麦说。

他们重新打起精神，
按照地图的指示来到了大
大岛上的佩佩老师家。

佩佩老师

商店

"啊呀呀，见到你们太开心了！"佩佩老师激动极了。阿思关切地问道："您的身体好些了吗？已经有一个星期没见到您了，我们很想您。"而此时的阿麦则被佩佩老师书桌上的奖杯吸引住了。

"我已经完全好啦，下周就可以去给大家上课了。"佩佩老师微笑着回答。佩佩老师邀请阿麦和阿思坐下来吃自制的小饼干，喝香香的奇妙果茶。

"佩佩老师，那是镇长大奖吗？"阿麦一心惦记着镇长大奖，指着书桌上一座"V"形奖杯问道。

古怪镇长跑冠军

"哈哈哈，那不是镇长大奖，那是古怪镇的长跑大奖。"佩佩老师笑着说，"你们是看到了地图上的古怪镇大挑战了吧？那只是镇长先生和你们开的玩笑，那是不可能完成的任务。"

"为什么呢？也许多试试就能找到答案了呢！"阿思很不服气。

佩佩老师想了想，随后把几块小饼干摆在桌上，又用奇妙果茶在饼干之间画了几条线。

"看看这幅图，你们俩能发现什么吗？"佩佩老师问。

原来，佩佩老师用几块饼干代表古怪镇的河岸和岛，用奇妙果茶画的线代表古怪镇的桥。"啊！我看懂了，中间两块饼干是大大岛和小小岛，两边的饼干是河岸。"阿思恍然大悟。

"我也看懂了，7条线代表着7座桥。"阿麦补充说。

15

"如果一块饼干引出的线有2、4、6、8……条，那么这样的饼干我们就叫它偶数饼干；如果引出的线有1、3、5、7……条，那么这样的饼干我们就叫它奇数饼干。你们看看，桌上的偶数饼干和奇数饼干分别有几块？"佩佩老师问。

阿麦和阿思认真地数了起来，很快就得出了答案。

代表大大岛的中间的圆饼干向外引出 5 条线，代表小小岛的巧克力饼干向外引出 3 条线，它们都是奇数饼干；代表河岸的方饼干分别引出 3 条线，所以也是奇数饼干。

"如果从任一块饼干出发，经过一些线再回到这块饼干，走过的线不能重复，你们认为它引出的线是奇数条还是偶数条呢？"佩佩老师继续提问。

阿思想了想："一定是偶数条！因为出去想回来的话，线必须成对。如果是奇数条线，出去就回不来了。"

回来　回来

出去　出去

回来　回来　出去

回来　出去

出去

★偶数饼干：线成对

阿麦也取了几块饼干蘸着茶画了画，确实是阿思说的那样。

"现在你们知道为什么从古怪镇的任何一个地方出发，经过7座桥再回到起点是不可能的了吧？"佩佩老师说。

"是的，这4块饼干都是奇数饼干，不管从哪里出发都没办法不重复地走遍所有的线再回到这块饼干。"阿思肯定地说。

听到这儿，阿麦不禁沮丧地叫道："唉，镇长大奖是彻底没希望了！"

"看来要想从一个地方出发，不重复地走遍所有的线再回到起点，所有的饼干都必须引出偶数条线才行。"阿思拿出了自己的笔记本，在上面记录下今天的收获。

"等等！还有一种特殊情况。"佩佩老师补充说，"如果不要求起点和终点是同一位置，两块奇数饼干也可以。从一块奇数饼干出发，不重复地走遍所有的路线，最后到达另一块奇数饼干。但如果有3块或更多的奇数饼干，就无论如何也不行了。"

# 七桥问题（一笔画问题）

1. 图形必须是连通的。

2. 图中的奇点个数是 0 或者 2。

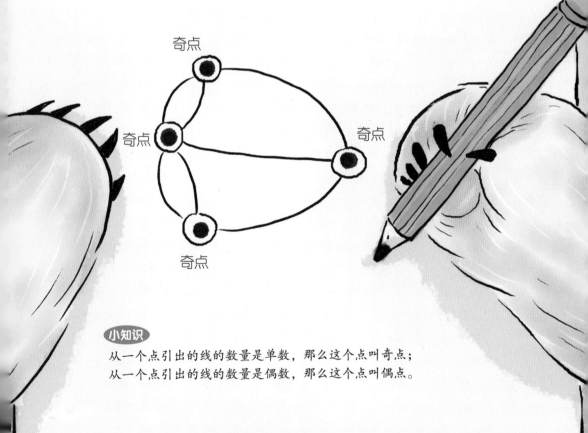

奇点

奇点

奇点

奇点

**小知识**

从一个点引出的线的数量是单数，那么这个点叫奇点；
从一个点引出的线的数量是偶数，那么这个点叫偶点。

阿麦听了佩佩老师的话，灵机一动，在代表河岸的两块饼干之间增加了一条线。

"你们看，如果我在这两块饼干之间加一条线，饼干就会变成两块奇数饼干和两块偶数饼干！"

"是的，代表河岸的两块饼干都连接了4条线，而代表大大岛和小小岛的饼干仍然连接5条线和3条线。那么，你就可以从一座岛出发，不重复地走遍8座桥再回到另一座岛上。"

礼品屋

佩佩老师

他们边吃饼干边讨论问题，转眼已是傍晚。阿麦和阿思告别佩佩老师，踏上了回家的路。

此后，每当看到一张街区地图，阿麦和阿思都想试试能不能一口气不重复地走遍所有街道再回到出发点，或许这就是古怪镇大挑战的后遗症吧。

18 世纪，哥尼斯堡（今俄罗斯加里宁格勒）有一条普莱格尔河，这条河上建有 7 座桥，将河中间的两座岛和两岸连接起来。有人提出一个问题：从小岛或河岸出发，能不能每座桥都只走一遍，最后回到起点？1735 年，几名大学生写信给天才数学家欧拉，请他帮忙解决这一问题。欧拉在实地考察了哥尼斯堡的 7 座桥之后，反复尝试，但都没能成功，于是他怀疑七桥问题是不是原本就无解。1736 年，29 岁的欧拉发表了一篇名为《哥尼斯堡七桥》的论文，论述了这一问题，同时开创了一个新的数学分支——图论。

下面哪些图形可以一笔画出？试试看吧！

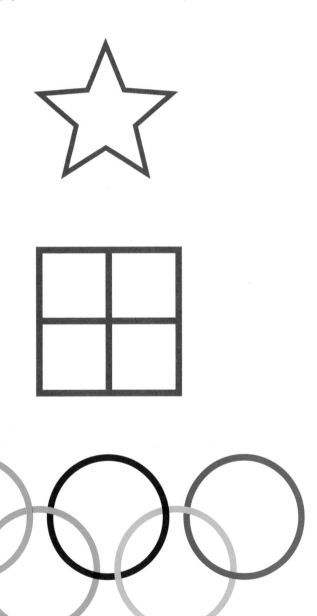

可以（均为偶点）　不可以（奇点个数超过 2 个）　可以（均为偶点）

So easy!